ドラゴンドリル

DRAGON WORKBOOK

小3 計算のまき

大昔，<ruby>地球<rt>ちきゅう</rt></ruby>に……った
ドラ…………た。
しかし…………ちは
ばらばらにされ，ふういんされてしまった…。
ドラゴンドリルは，
ドラゴンを ふたたび よみがえらせるための
アイテムである。

ここには，せいなるパワーをもつ
5ひきの「せいりゅう<ruby>族<rt>ぞく</rt></ruby>」のドラゴンが
ふういんされているぞ。

ぼくのなかまを
ふっかつさせて！
ドラゴンマスターに
なるのはキミだ！

なかまドラゴン
ドラコ

もくじ

1

光の中で遊ぶようせいドラゴン

シエルフ

タイプ：かぜ

えに シールを はって,
ドラゴンを ふっかつさせよう！

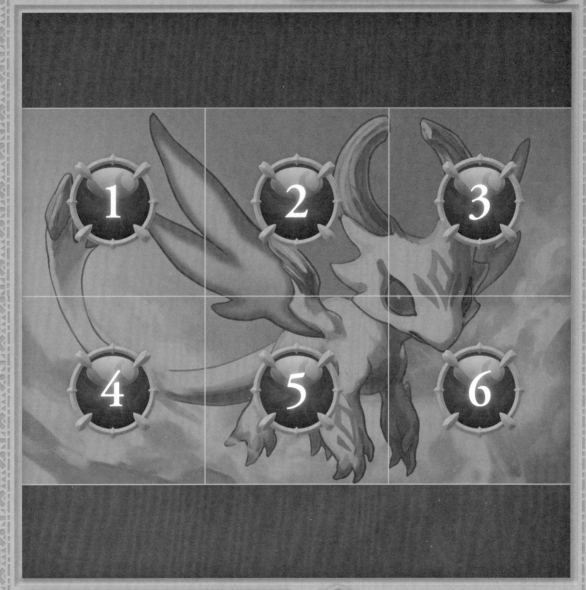

たいりょく	■■■■
こうげき	■■■■■
ぼうぎょ	■■■
すばやさ	■■■■

ひっさつわざ　**フレアサークル**

頭の角から, リングの形をし
たビームを放つ。

ドラゴンずかん

なまえ	**シエルフ**
タイプ	かぜ
ながさ	1.5メートル
おもさ	60キログラム
すんでいる ところ	雲

ふだんは雲の中にかくれていて，そのすがたを見た人は
ほとんどいない。いつもちゅうにういていて，軽々とと
ぶ。体にある青色のもようは，強いパワーをひめていて，
てきをこうげきするときに光る。

2

雲海をかけるいなづま

スレイプ

タイプ：かみなり

えに シールを はって,
ドラゴンを ふっかつさせよう！

7 8 9

10 11 12

たいりょく	■■■■■■■□□□
こうげき	■■■■■■■■□□
ぼうぎょ	■■■■■■□□□□
すばやさ	■■■■■■■■□□

ひっさつわざ **ライトニングバッシュ**

全身にかみなりを宿して, 全速力でとっしんする。

ドラゴンずかん

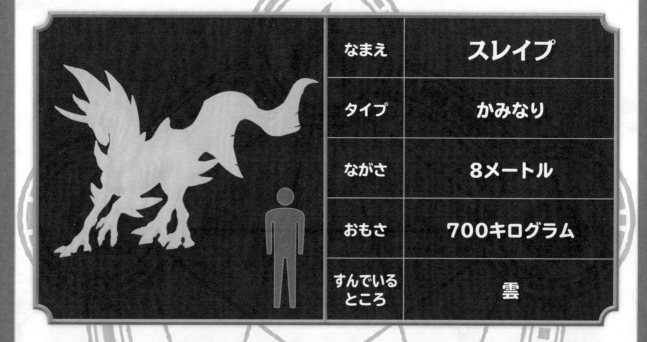

なまえ	スレイプ
タイプ	かみなり
ながさ	8メートル
おもさ	700キログラム
すんでいる ところ	雲

全身に電気をおびた，馬のようなドラゴン。1本角から
電気エネルギーを発している。雲の上を目にもとまらぬ
速さで走ることができ，走った後にはかみなりが落ちる。

レベル 3

たたかいをもたらす天使

ヴァルキレ

タイプ：かぜ

えに シールを はって，
ドラゴンを ふっかつさせよう！

たいりょく ||||||||

こうげき |||||

ぼうぎょ ||||||

すばやさ ||||||||

ひっさつわざ **ストームエッジ**

まきおこした風を集めてする
どいやいばを作り，てきを切
りさく。

ドラゴンずかん

なまえ	ヴァルキレ
タイプ	かぜ
ながさ	12メートル
おもさ	5トン
すんでいる ところ	高い山

せいりゅう族の中でトップのすばやさをほこるせんし。
目に見えないほどのスピードでてきに近づき，するどい
ツメでこうげきする。また，ちょうのう力で風を自由に
あやつることもできる。

レベル
4

あらぶる光の番人
ムジョルニ

タイプ：じめん・ほのお

えに シールを はって,
ドラゴンを ふっかつさせよう！

19   20   21

22   23   24

25   26   27

たいりょく	■■■■■■■■
こうげき	■■■■■■■
ぼうぎょ	■■■■■
すばやさ	■■■■

ひっさつわざ **トールクラッシュ**

両うでにパワーをためて, 全てのものをひねりつぶす。

ドラゴンずかん

なまえ	**ムジョルニ**
タイプ	**じめん・ほのお**
ながさ	**60メートル**
おもさ	**210トン**
すんでいる ところ	**高い山**

全てのてきをふんさいする，力のドラゴン。口からほのおをはきながらてきに近づき，ものすごいパワーをもったうででつかんで，ひねりつぶす。

レベル 5

ちつじょをもたらす　せいなる神

ヴォーダン

タイプ：かみなり・かぜ

えに シールを　はって，
ドラゴンを　ふっかつさせよう！

たいりょく	⬜⬜⬜⬜⬜⬜⬜⬜⬜⬜
こうげき	⬜⬜⬜⬜⬜⬜⬜
ぼうぎょ	⬜⬜⬜⬜⬜
すばやさ	⬜⬜⬜⬜⬜⬜⬜⬜

ひっさつわざ　**ホワイトオーダー**

せなかのリングでエネルギー
をためて，うでから放つビー
ムで全てを消し去る。

ドラゴンずかん

なまえ	**ヴォーダン**
タイプ	**かみなり・かぜ**
ながさ	**90メートル**
おもさ	**300トン**
すんでいるところ	**空**

世界の始まりのときから生きている，せいなるドラゴン。自然のルールを作ったといわれている。ふだんは空中で全く動かないが，一度たたかいを始めると世界の全てをほろぼしてしまうらしい。

かけ算のきまり

1 □にあてはまる数を書きましょう。

かける数	1	2	3	4	5	6	7	8	9
4	4	8	12	16	20	24	28	32	36
5	5	10	15	20	25	30	35	40	45
6	6	12	18	24	30	36	42	48	54

（左端の列が「かけられる数」）

① $5 \times 4 = 5 \times 3 + \boxed{}$

（かけられる数）（かける数）

② $4 \times 2 = 4 \times 3 - \boxed{}$

> ❶かける数が1ふえると，答えはかけられる数だけ大きくなります。
>
> ❷かける数が1へると，答えはかけられる数だけ小さくなります。

③ $4 \times 5 = \boxed{} \times 4$

> かけられる数とかける数を入れかえて計算しても，答えは同じになるよ。

④ $5 \times 6 = 6 \times \boxed{}$

2 □にあてはまる数を書きましょう。

① 7×5は，7×4より □ 大きい。

② 9×6は，9×7より □ 小さい。

③ 2×5＝2×4＋ □

④ 3×6＝3×5＋ □

⑤ 8×8＝8×9− □

⑥ 4×7＝4×8− □

⑦ 5×8＝8× □

⑧ 2×7＝7× □

⑨ 9×4＝ □ ×9

⑩ 6×3＝ □ ×6

かけ算のきまりを
おぼえたかな。

ドラゴンの
ひみつ
シエルフは，雲の上でむれで生活している。
空をとぶすがたは美しい。

答え合わせを
したら①の
シールをはろう！

10や0のかけ算

答え **89** ページ

月　日

1 10のかけ算をしましょう。

① $10 \times 3 = \boxed{30}$

② $10 \times 5 = \boxed{}$　　③ $10 \times 9 = \boxed{}$

④ $4 \times 10 = \boxed{}$

4×10＝10×4
だったね！

⑤ $2 \times 10 = \boxed{}$　　⑥ $6 \times 10 = \boxed{}$

2 0のかけ算をしましょう。

① $2 \times 0 = \boxed{}$　　② $0 \times 3 = \boxed{}$

$2 \times 0 = 2 \times 1 - 2$　　$0 \times 3 = 0 + 0 + 0$

③ $7 \times 0 = \boxed{}$　　④ $0 \times 8 = \boxed{}$

> どんな数に0をかけても，答えは0になります。
> 0にどんな数をかけても，答えは0になります。

15

3 計算をしましょう。

① 10×2

② 10×4

③ 10×7

④ 5×10

⑤ 3×10

⑥ 8×10

⑦ 4×0

⑧ 9×0

⑨ 0×7

⑩ 0×0

4 □にあてはまる数を書きましょう。

① $10 \times \boxed{} = 50$

答えを
よく見て
考えよう。

② $\boxed{} \times 10 = 70$

③ $5 \times \boxed{} = 0$

④ $\boxed{} \times 2 = 0$

⑤ $\boxed{} \times 6 = 0$

⑥ $8 \times \boxed{} = 0$

ドラゴンの
ひみつ

シェルフは，つばさを広げて太陽の光を
あびて，エネルギーをきゅうしゅうする。

答え合わせを
したら②の
シールをはろう！

3 分け方とわり算

月　日

答え **89** ページ

1 6このりんごを，3人で同じ数ずつ分けると，1人分は何こになりますか。

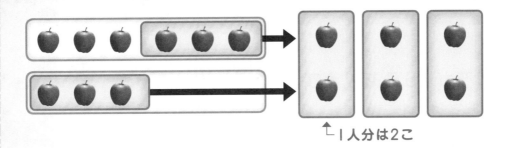

↑1人分は2こ

（式）　$\boxed{6} \div \boxed{3} = \boxed{}$　　答え $\boxed{}$ こ

全部の数　分ける人数　1人分の数

2 12このりんごを，1人に4こずつ分けると，何人に分けられますか。

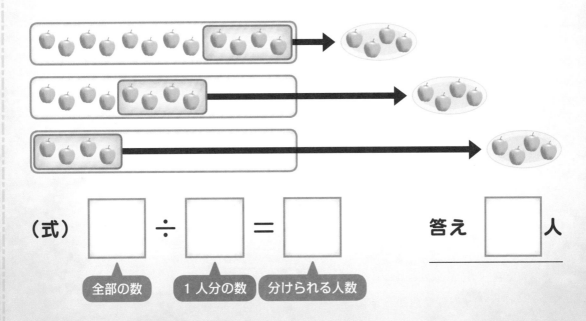

（式）　$\boxed{} \div \boxed{} = \boxed{}$　　答え $\boxed{}$ 人

全部の数　1人分の数　分けられる人数

3 けんが8本あります。4人で同じ数ずつ分けると，1人分は何本になりますか。

(式) 　　　÷　　　=

答え　　　本

4 ほう石が15こあります。

① 5人で同じ数ずつ分けると，1人分は何こになりますか。

(式)

答え　　　こ

1人分の数や，何人に分けられるかをもとめるときは，わり算の式になるよ。

② 1人に5こずつ分けると，何人に分けられますか。

(式)

答え　　　人

ドラゴンの
ひみつ

シエルフは，太陽のエネルギーをビームにして角から放つ。

答え合わせをしたら③のシールをはろう!

4 わり算の答えの
もとめ方

1 計算をしましょう。

答えをもとめるには，わる数のだんの九九を使うよ。

わられる数　わる数

① 20 ÷ 4 = 5

20÷4の答えは，4×□=20の□にあてはまる数です。
4×1=4
4×2=8
⋮
4×5=20 → 4×5=20だから，
20÷4=5

② 8 ÷ 2 =

2×□=8

③ 12 ÷ 6 =

6×□=12

④ 45 ÷ 9 =

9×□=45

⑤ 32 ÷ 8 =

8×□=32

⑥ 18 ÷ 3 =

3×□=18

⑦ 35 ÷ 5 =

5×□=35

⑧ 32 ÷ 4 =

4×□=32

⑨ 63 ÷ 7 =

7×□=63

⑩ 48 ÷ 6 =

6×□=48

⑪ 81 ÷ 9 =

9×□=81

2 計算をしましょう。

① $10 \div 5$

② $6 \div 2$

③ $15 \div 3$

④ $16 \div 4$

⑤ $14 \div 7$

⑥ $30 \div 6$

⑦ $48 \div 8$

⑧ $36 \div 9$

⑨ $28 \div 4$

⑩ $56 \div 7$

⑪ $54 \div 6$

⑫ $25 \div 5$

3 次の組になっているわり算をしましょう。

①
$$20 \div 5 = \boxed{}$$
$$20 \div 4 = \boxed{}$$

組のわり算で，わる数と答えの数をくらべてみよう。

わられる数　わる数　答え

$20 \div 5 = \square$

$20 \div 4 = \square$

②
$$24 \div 3 = \boxed{}$$
$$24 \div 8 = \boxed{}$$

わり算の答えは，わる数のだんの九九で見つけられるね。

ドラゴンのひみつ　シエルフの体にある青いもようは，せいりゅう族のドラゴンみんなにある。

答え合わせをしたら④のシールをはろう！

わり算の練習

1 計算をしましょう。

① 30 ÷ 5

② 4 ÷ 2

わる数のだんの
九九を使って
もとめるよ。

③ 12 ÷ 3

④ 24 ÷ 4   ⑤ 21 ÷ 7

⑥ 16 ÷ 8   ⑦ 42 ÷ 6

⑧ 27 ÷ 9   ⑨ 40 ÷ 5

⑩ 36 ÷ 4   ⑪ 14 ÷ 2

⑫ 28 ÷ 7   ⑬ 64 ÷ 8

⑭ 36 ÷ 6   ⑮ 63 ÷ 9

⑯ 49 ÷ 7   ⑰ 45 ÷ 5

2 けんが24本あります。6人で同じ数ずつ分けると，1人分は何本になりますか。

10 **10**

(式)

答え ☐ 本

3 長さが40cmのリボンがあります。8cmずつ切ると，8cmのリボンは何本できますか。

40cm

8cm

(式)

答え ☐ 本

4 ほう石が35こあります。1人に7こずつ分けると，何人に分けられますか。

(式)

答え ☐ 人

ドラゴンの ひみつ　シエルフは，たたかいのときにてきの前にあらわれて，けいこくをする。

答え合わせをしたら⑤のシールをはろう！

6 1や0のわり算，倍とわり算

答え **89** ページ

1 計算をしましょう。

① $5 \div 5 = \boxed{1}$

$5 \times \boxed{} = 5$

② $4 \div 1 = \boxed{4}$

$1 \times \boxed{} = 4$

③ $2 \div 2 = \boxed{}$

④ $8 \div 8 = \boxed{}$

⑤ $7 \div 1 = \boxed{}$

⑥ $9 \div 1 = \boxed{}$

⑦ $0 \div 2 = \boxed{0}$

$2 \times \boxed{} = 0$

0を，0でない
どんな数で
わっても，答えは
いつも0だよ。

⑧ $0 \div 1 = \boxed{}$

⑨ $0 \div 3 = \boxed{}$

⑩ $0 \div 5 = \boxed{}$

⑪ $0 \div 9 = \boxed{}$

⑫ $0 \div 4 = \boxed{}$

⑬ $0 \div 6 = \boxed{}$

2 青いリボンの長さは，赤いリボンの長さの何倍ですか。

青 |///////////// 20cm /////////////|

赤 |/// 5cm ///|

> 5cmの□倍が20cmだから，
> 5×□＝20の□にあてはまる数をもとめる
> ことになり，わり算の式に表せます。

（式） ☐ ÷ ☐ ＝ ☐

答え ☐ 倍

> 何倍かをもとめ
> るときも，わり
> 算を使うんだね。

3 小さいボタンが56こ，大きいボタンが8こあります。
小さいボタンの数は，大きいボタンの数の何倍ですか。

（式）

答え ☐ 倍

4 おとなのドラゴンが3びき，こどものドラゴンが15ひ
きいます。こどものドラゴンの数はおとなのドラゴン
の数の何倍ですか。

（式）

答え ☐ 倍

ドラゴンの
ひみつ

シエルフは，てきの様子をさぐり，
ヴォーダンにほうこくする。

答え合わせを
したら⑥の
シールをはろう！

3けたの数のたし算

 計算をしましょう。

① くり上げた1 →
```
    1 9 5
  +   4 3 2
    6 2 7
```
1+1+4 →　↑　↑ 5+2
　　　　6+9+3（9+3）

 3けたになっても,
位をそろえて書き,
一の位からじゅん
に計算するよ。

②
```
    2 3 4
  + 4 1 9
```

③
```
      7 6
  + 1 3 8
```

④
```
    5 9 5
  +   6 5
```

⑤
```
  | 
    2 6 2
  + 9 5 3
  1 2 1 5
```
1+2+9 →　↑　↑ 2+3
　　　　6+5

 百の位で
くり上げた1は
千の位に書くよ。

⑥
```
    5 2 6
  + 8 2 9
```

⑦
```
    6 0 9
  + 9 4 7
```

⑧
```
    9 7 8
  +   5 4
```

25

② 計算をしましょう。

①
```
  384
+ 452
```

②
```
  139
+ 534
```

③
```
  284
+ 427
```

④
```
  715
+ 483
```

⑤
```
  932
+ 828
```

⑥
```
  398
+ 607
```

③ 次の計算を筆算でしましょう。

① 476+371

② 357+294

③ 487+35

④ 772+635

⑤ 518+869

⑥ 974+26

くり上がりに注意して計算しよう。

答え合わせをしたら⑦のシールをはろう！

8 3けたの数のひき算

答え **90** ページ

1 計算をしましょう。

①
```
    5  ←くり下げたあとの数
    6̸ 2 7
  − 1 9 5
    4 3 2
```
5−1 ↑　↑　↑ 7−5
　　　└ 1くり下げて，12−9

3けたになっても，位（くらい）をそろえて書き，一の位からじゅんに計算するよ。

②
```
    4 6 1
  − 4 3 8
```

③
```
    8 1 3
  − 6 4 9
```

④
```
    3 7 0
  −   9 8
```

⑤
```
      9
    4 1̸0̸
    5 0̸ 2
  − 1 5 7
    3 4 5
```
4−1 ↑　↑　↑ 百の位からじゅんにくり
　9−5 ┘　　下げて，12−7

百の位から十の位へ，十の位から一の位へとくり下げるよ。

⑥
```
    8 0 1
  − 7 2 3
```

⑦
```
    6 0 4
  −   7 5
```

⑧
```
    4 0 0
  −     6
```

② 計算をしましょう。

①
```
  7 2 9
- 3 5 2
```

②
```
  8 7 1
- 2 6 4
```

③
```
  9 2 5
- 6 2 7
```

④
```
  5 1 0
- 4 6 3
```

⑤
```
  7 0 5
- 2 4 9
```

⑥
```
  8 0 0
- 7 2 5
```

③ 次の計算を筆算でしましょう。

① 324－192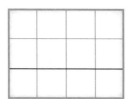

② 823－385

③ 534－47

④ 809－234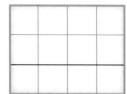

⑤ 903－367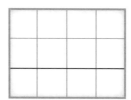

⑥ 700－97

くり下がりに注意して計算できたかな？

ドラゴンの ひみつ	スレイプが走り出すと，いっしょに雲も ついて動く。

答え合わせを したら⑧の シールをはろう！

9 3けたの数の たし算・ひき算の練習

1 計算をしましょう。

くり上がりや くり下がりに 注意しよう。

①
```
  3 4 6
+ 2 4 8
```

②
```
  4 3 0
+ 2 8 6
```

③
```
  1 5 2
+ 6 8 8
```

④
```
  5 6 7
+   3 6
```

⑤
```
  8 2 5
+ 6 4 6
```

⑥
```
  7 3 5
+ 8 7 9
```

⑦
```
  2 5 6
+ 7 4 7
```

⑧
```
  7 9 1
- 1 5 7
```

⑨
```
  9 3 8
- 7 6 8
```

⑩
```
  7 5 2
- 7 4 6
```

⑪
```
  5 3 0
-   3 4
```

⑫
```
  4 1 2
- 3 5 4
```

⑬
```
  8 0 2
- 7 3 3
```

2 次の計算を筆算でしましょう。

① 518+286

② 947+59

③ 600−143

④ 803−77

3 赤いほう石が158こ，青いほう石が253こあります。

① ほう石は全部で何こありますか。

（式）

答え　　　　こ

〈筆算〉

② 青いほう石は赤いほう石より何こ多いですか。

（式）

答え　　　　こ

〈筆算〉

1 計算をしましょう。

①
```
    1
  3 4 9 2
+ 5 1 7 3
─────────
```

数が大きくなっても，
位をそろえて書き，
一の位からじゅんに
計算するよ。

②
```
  1 0 8 3
+ 6 4 2 9
─────────
```

③
```
  5 6 9 7
+ 1 2 0 3
─────────
```

④
```
  4 2 8 5
+   6 1 7
─────────
```

ひき算も，これま
でと同じやり方で
計算できるよ。

⑤
```
    4
  9 5̸ 6 8
- 3 2 9 4
─────────
```

⑥
```
  7 2 8 4
- 6 3 1 9
─────────
```

⑦
```
  2 8 0 6
-   3 2 7
─────────
```

⑧
```
  8 0 2 1
-     3 8
─────────
```

31

2 計算をしましょう。

①
```
  1937
+ 3261
```

②
```
  5458
+ 1738
```

③
```
  2315
+ 5498
```

④
```
  5786
+  236
```

⑤
```
  4618
- 2536
```

⑥
```
  6830
- 3536
```

⑦
```
  5248
- 4868
```

⑧
```
  1003
-  859
```

3 次の計算を筆算でしましょう。

① 2918+89

② 145+3556

③ 8397-938

④ 4025-68

ドラゴンの
ひみつ
スレイプは足のうらからも電気を出す。
そのため，足あとからかみなりが落ちる。

答え合わせを
したら⑩の
シールをはろう！

11 あまりのあるわり算①

月　日

答え **90** ページ

1 わり算の式に表しましょう。

① 14このりんごを，1人に4こずつ分けると，何人に分けられて，何こあまりますか。

あまり

3人に分けられて，2こあまる。

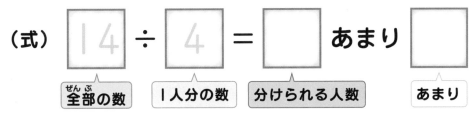

(式)　14 ÷ 4 ＝ □ あまり □

全部の数　1人分の数　分けられる人数　あまり

② 11このりんごを，5人で同じ数ずつ分けると，1人分は何こで，何こあまりますか。

→1人に1こずつ　→1人に2こずつ　あまり

1人分は2こで，1こあまる。

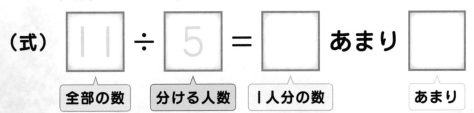

(式)　11 ÷ 5 ＝ □ あまり □

全部の数　分ける人数　1人分の数　あまり

2 14÷4の答えの見つけ方を考えます。□にあてはまる数を書きましょう。

$$14 ÷ 4 = \boxed{} \text{あまり} \boxed{}$$

❶4のだんの九九の答えが
14をこえるまでとなえる。
    ⋮ —3が答え
四三12   ↑
四四16←14をこえた。

❷あまりは，14から
「四三12」の12をひく。
14−12＝2

3 計算をしましょう。

① $13 ÷ 5 = \boxed{} \text{あまり} \boxed{}$

         ↑   ↑
     五二10   13−10

② $9 ÷ 2 = \boxed{} \text{あまり} \boxed{}$

③ $17 ÷ 3 = \boxed{} \text{あまり} \boxed{}$

④ $29 ÷ 9 = \boxed{} \text{あまり} \boxed{}$

⑤ $25 ÷ 8 = \boxed{} \text{あまり} \boxed{}$

⑥ $32 ÷ 6 = \boxed{} \text{あまり} \boxed{}$

あまりは
わる数より
小さくなるよ。

ドラゴンの
ひみつ

スレイプはたたかいになると，せいりゅう族
の中ではじめにこうげきをしかける。

答え合わせを
したら⑪の
シールをはろう！

あまりのあるわり算②

1 13このほう石を，1人に4こずつ分けると，何人に分けられて，何こあまりますか。

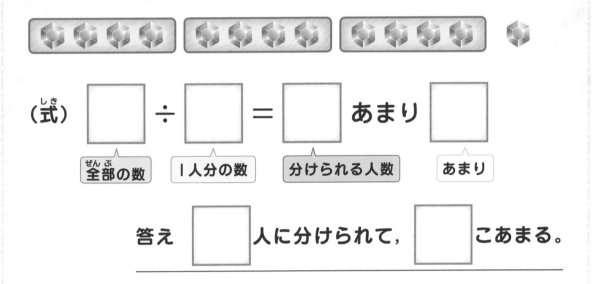

（式） ☐ ÷ ☐ = ☐ あまり ☐

全部の数　1人分の数　分けられる人数　あまり

答え ☐ 人に分けられて，☐ こあまる。

2 上のわり算の答えが正しいかたしかめます。☐にあてはまる数を書きましょう。

1人分の数×分けられる人数＋あまりが
全部の数になれば正しいから，

☐ × ☐ ＋ ☐ = ☐ →正しい。

わり算の答えは，次の式でたしかめられます。
わる数×答え＋あまり＝全部の数

35

3 計算をしましょう。

① $15 \div 2$

② $28 \div 5$

③ $26 \div 3$

④ $58 \div 6$

⑤ $30 \div 4$

⑥ $50 \div 8$

⑦ $31 \div 7$

⑧ $61 \div 9$

4 次の計算の答えをたしかめる式を書きましょう。

① $14 \div 3 = 4$ あまり 2

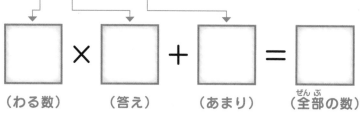

（わる数）　（答え）　（あまり）　（全部の数）

② $42 \div 8 = 5$ あまり 2

③ $52 \div 6 = 8$ あまり 4

正しく計算できたかな？

ドラゴンの
ひみつ

スレイプがてきをこうげきするときは，
大ぐんで横一列になってとっしんする。

答え合わせを
したら⑫の
シールをはろう！

あまりのあるわり算の練習

答え **91** ページ

月　日

1 計算をしましょう。

① 13 ÷ 2

あまり＜わる数だよ。
気をつけて！

② 37 ÷ 5

③ 19 ÷ 4

④ 25 ÷ 7　　⑤ 10 ÷ 3

⑥ 68 ÷ 8　　⑦ 48 ÷ 9

⑧ 38 ÷ 4　　⑨ 35 ÷ 6

⑩ 20 ÷ 3　　⑪ 60 ÷ 8

⑫ 54 ÷ 7　　⑬ 43 ÷ 9

⑭ 19 ÷ 2　　⑮ 22 ÷ 4

⑯ 47 ÷ 7　　⑰ 51 ÷ 6

2 次のわり算をしましょう。また，答えをたしかめる式も書きましょう。

① 11 ÷ 2

（たしかめ）

② 37 ÷ 8

（たしかめ）

③ 53 ÷ 6

（たしかめ）

④ 65 ÷ 9

（たしかめ）

3 リボンが60cmあります。1人に7cmずつ分けると，何人に分けられて，何cmあまりますか。

（式）

答え 　　　人に分けられて，　　　cmあまる。

ドラゴンの
ひみつ

ヴァルキレは，高い山のてっぺんにすを作って，むれでくらしている。

答え合わせをしたら⑬のシールをはろう！

14 あまりを考える問題

答え 91 ページ

1 14このドラゴンのたまごを，1つの箱（はこ）に4こずつ入れます。全部（ぜんぶ）入れるには，箱は何箱あればよいですか。

① 式（しき）を書きましょう。

（式） ☐ ÷ ☐ ＝ ☐ あまり ☐

② あまったドラゴンのたまごを入れる箱もいることを考えて，答えを書きましょう。

答え ☐ 箱

2 はばが25cmの本だなに，あつさが3cmの本を立てていきます。本は何さつ立てられますか。

① 式を書きましょう。

（式） ☐ ÷ ☐ ＝ ☐ あまり ☐

② あまりをどうすればよいか考えて，答えを書きましょう。

答え ☐ さつ

あまりは，3cmより小さくなるよ。

39

3 4人すわれる長いすがあります。27人がみんなすわるには，長いすはいくつあればよいですか。

（式）

答え □ つ

4 1つの指わを作るのに，ビーズを5こ使います。ビーズが48こあると，指わはいくつできますか。

（式）

答え □ つ

5 62ページの本を読みます。1日に8ページずつ読むと，何日で読み終わりますか。

（式）

答え □ 日

あまりを考えて，答えが書けたかな？

ドラゴンの
ひみつ

ヴァルキレは，せいりゅう族のぐんだんの
主力になるドラゴンだ。

答え合わせを
したら⑭の
シールをはろう！

ドラゴンが守るほう石

1 同じ答えになるわり算を，線でつなぎましょう。
線でかこまれたものが，ドラゴンの守るほう石です。

$12 \div 2$		$56 \div 8$
$0 \div 7$		$0 \div 3$
$36 \div 4$		$56 \div 7$
$35 \div 5$	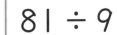	$6 \div 1$
$48 \div 6$		$81 \div 9$

シエルフ

41

$$
\begin{array}{r}
294 \\
+262 \\
\hline
\end{array}
$$

$$
\begin{array}{r}
924 \\
-268 \\
\hline
\end{array}
$$

$$
\begin{array}{r}
479 \\
+\ 87 \\
\hline
\end{array}
$$

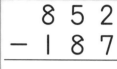

$$
\begin{array}{r}
852 \\
-187 \\
\hline
\end{array}
$$

$$
\begin{array}{r}
258 \\
+398 \\
\hline
\end{array}
$$

$$
\begin{array}{r}
810 \\
-254 \\
\hline
\end{array}
$$

$$
\begin{array}{r}
477 \\
+819 \\
\hline
\end{array}
$$

$$
\begin{array}{r}
604 \\
-\ 38 \\
\hline
\end{array}
$$

$$
\begin{array}{r}
489 \\
+176 \\
\hline
\end{array}
$$

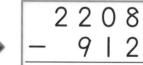

$$
\begin{array}{r}
2208 \\
-\ 912 \\
\hline
\end{array}
$$

スレイプ

1 計算をしましょう。

① $20 \times 4 = \boxed{80}$

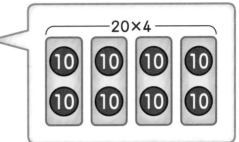

20×4

10のまとまりが，
2×4＝8で，8こ。

② $\underset{\substack{\downarrow\\10が(3\times3)こ}}{30 \times 3} = \boxed{}$　③ $50 \times 5 = \boxed{}$

④ $70 \times 2 = \boxed{}$　⑤ $90 \times 4 = \boxed{}$

⑥ $200 \times 4 = \boxed{800}$

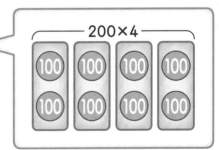

200×4

100のまとまりが，
2×4＝8で，8こ。

⑦ $\underset{\substack{\downarrow\\100が(3\times2)こ}}{300 \times 2} = \boxed{}$　⑧ $400 \times 4 = \boxed{}$

⑨ $600 \times 3 = \boxed{}$　⑩ $800 \times 5 = \boxed{}$

2 計算をしましょう。

①
$$4 \times 2 = 8$$
$$40 \times 2 = \boxed{}$$
$$400 \times 2 = \boxed{}$$

②
$$7 \times 6 = 42$$
$$70 \times 6 = \boxed{}$$
$$700 \times 6 = \boxed{}$$

> かけられる数が10倍になると，答えも10倍に，
> かけられる数が100倍になると，答えも100倍に
> なります。

3 計算をしましょう。

① 20×3

② 30×6

③ 70×4

④ 90×8

⑤ 40×5

⑥ 50×8

⑦ 300×3

⑧ 200×9

⑨ 800×4

⑩ 600×5

⑪ 500×7

⑫ 900×6

ドラゴンの
ひみつ

ヴァルキレは目がとてもよく，はるか遠くに
いるてきのすがたも見つけることができる。

答え合わせを
したら⑮の
シールをはろう！

（2けた）×（1けた）の 筆算

1 計算をしましょう。

①
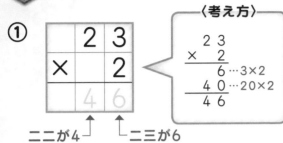

〈考え方〉

```
    2 3
×     2
─────────
    6 …3×2
  4 0 …20×2
─────────
  4 6
```

位をそろえて書き，一の位からじゅんに計算するよ。

ニニが4　ニ三が6

②
```
  3 1
× 3
```

③
```
  2 7
× 2
```

④
```
  1 3
× 5
```

⑤
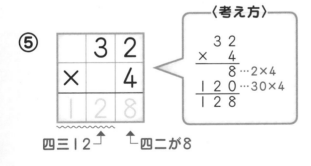

〈考え方〉

```
    3 2
×     4
─────────
    8 …2×4
1 2 0 …30×4
─────────
1 2 8
```

答えが3けたになるね。

四三12　四二が8

⑥
```
  8 3
× 2
```

⑦
```
  2 8
× 4
```

⑧
```
  3 5
× 6
```

② 計算をしましょう。

①
$$\begin{array}{r} 3\,2 \\ \times\quad 3 \\ \hline \end{array}$$

②
$$\begin{array}{r} 2\,2 \\ \times\quad 4 \\ \hline \end{array}$$

③
$$\begin{array}{r} 4\,9 \\ \times\quad 2 \\ \hline \end{array}$$

④
$$\begin{array}{r} 1\,8 \\ \times\quad 5 \\ \hline \end{array}$$

⑤
$$\begin{array}{r} 5\,3 \\ \times\quad 3 \\ \hline \end{array}$$

⑥
$$\begin{array}{r} 6\,0 \\ \times\quad 8 \\ \hline \end{array}$$

⑦
$$\begin{array}{r} 7\,8 \\ \times\quad 4 \\ \hline \end{array}$$

⑤からは，百の位へくり上がるよ。

③ 次の計算を筆算でしましょう。

① 43×2

② 14×3

③ 29×3

④ 84×2

⑤ 34×6

⑥ 75×8

17 （3けた）×（1けた）の 筆算

答え **91** ページ

1 計算をしましょう。

①
$$
\begin{array}{r}
3\ 2\ 4 \\
\times\ \ \ \ 2 \\
\hline
6\ 4\ 8
\end{array}
$$

〈考え方〉
$$
\begin{array}{r}
3\ 2\ 4 \\
\times\qquad 2 \\
\hline
8 \cdots 4\times2 \\
4\ 0 \cdots 20\times2 \\
6\ 0\ 0 \cdots 300\times2 \\
\hline
6\ 4\ 8
\end{array}
$$

3けたに なっても， 2けたのとき と同じように 計算するよ。

二三が6 ── 二二が4 ── 二四が8

②
$$
\begin{array}{r}
2\ 1\ 2 \\
\times\ \ \ \ 4 \\
\hline
\end{array}
$$

③
$$
\begin{array}{r}
4\ 2\ 6 \\
\times\ \ \ \ 2 \\
\hline
\end{array}
$$

④
$$
\begin{array}{r}
2\ 5\ 8 \\
\times\ \ \ \ 3 \\
\hline
\end{array}
$$

⑤
$$
\begin{array}{r}
3\ 7\ 4 \\
\times\ \ \ \ 5 \\
\hline
1\ 8\ 7\ 0
\end{array}
$$

〈考え方〉
$$
\begin{array}{r}
3\ 7\ 4 \\
\times\qquad 5 \\
\hline
2\ 0 \cdots 4\times5 \\
3\ 5\ 0 \cdots 70\times5 \\
1\ 5\ 0\ 0 \cdots 300\times5 \\
\hline
1\ 8\ 7\ 0
\end{array}
$$

答えが 4けたに なるね。

五三15 五七35 ── 五四20

⑥
$$
\begin{array}{r}
8\ 4\ 3 \\
\times\ \ \ \ 2 \\
\hline
\end{array}
$$

⑦
$$
\begin{array}{r}
9\ 8\ 5 \\
\times\ \ \ \ 4 \\
\hline
\end{array}
$$

⑧
$$
\begin{array}{r}
3\ 6\ 4 \\
\times\ \ \ \ 8 \\
\hline
\end{array}
$$

2 計算をしましょう。

①
```
  2 1 3
×     2
```

②
```
  3 1 0
×     3
```

⑤からは，千の位へくり上がるよ。

③
```
  3 2 6
×     3
```

④
```
  2 0 7
×     2
```

⑤
```
  6 3 1
×     3
```

⑥
```
  5 3 8
×     7
```

⑦
```
  8 2 7
×     4
```

3 次の計算を筆算でしましょう。

① 304×2

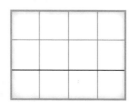

② 248×4

③ 167×3

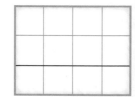

④ 541×9

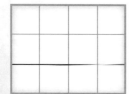

⑤ 290×4

⑥ 279×7

ドラゴンのひみつ　ヴァルキレは，ムジョルニの命れいを聞いて，何十ぴきものむれでたたかう。

答え合わせをしたら⑰のシールをはろう！

48

18 1けたの数をかける かけ算の練習①

月　日

答え **92** ページ

① 計算をしましょう。

くり上げた数の
たしわすれに
注意しようね。

① 　23
× 　3

② 　37
× 　2

③ 　16
× 　5

④ 　71
× 　9

⑤ 　29
× 　4

⑥ 　68
× 　6

⑦ 　25
× 　8

⑧ 　327
× 　2

⑨ 　179
× 　4

⑩ 　308
× 　3

⑪ 　751
× 　6

⑫ 　854
× 　9

⑬ 　286
× 　4

⑭ 　523
× 　8

⑮ 　869
× 　6

⑯ 　478
× 　7

① 16×6

② 82×4

③ 65×8

④ 279×2

⑤ 716×7

⑥ 834×6

③ けんが25本ずつ入った箱が6箱あります。けんは全部で何本ありますか。

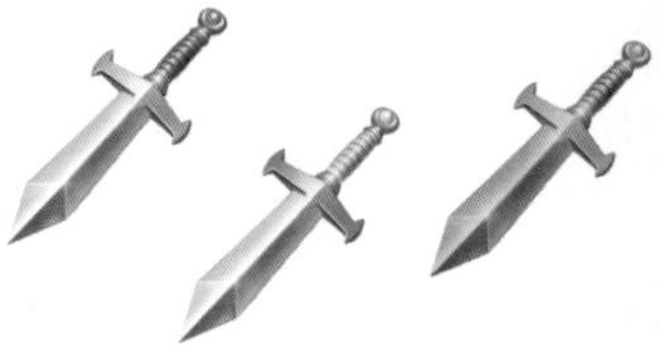

（式）

答え ___ 本

〈筆算〉

半分くらい終わったよ。この調子でがんばろう。

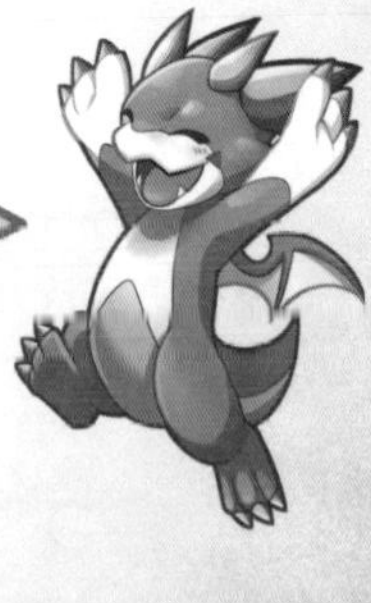

1けたの数をかける かけ算の練習②

1 **計算をしましょう。**

一の位から
じゅんに
計算するよ。

①
```
  3 2
×   2
```

②
```
  2 6
×   3
```

③
```
  1 5
×   4
```

④
```
  5 1
×   7
```

⑤
```
  3 8
×   3
```

⑥
```
  8 4
×   6
```

⑦
```
  7 5
×   8
```

⑧
```
  4 1 3
×     2
```

⑨
```
  1 6 9
×     3
```

⑩
```
  2 0 8
×     4
```

⑪
```
  2 3 1
×     7
```

⑫
```
  9 4 7
×     5
```

⑬
```
  1 4 3
×     9
```

⑭
```
  4 8 2
×     6
```

⑮
```
  3 5 6
×     9
```

⑯
```
  6 3 9
×     8
```

2 次の計算を筆算でしましょう。

① 12×7

② 41×3

③ 35×9

④ 286×2

⑤ 743×8

⑥ 389×6

3 トカゲを、1人24ひきずつつかまえます。9人でつかまえると、トカゲは全部で何びきになりますか。

（式）

答え ⬜ ぴき

〈筆算〉

1けたの数をかける計算がわかったね。

答え合わせを
したら⑲の
シールをはろう！

1　60×2×4の計算をします。

□にあてはまる数を書きましょう。

① 左からじゅんに計算する。

$(60 \times 2) \times 4 =$ □ $\times 4 =$ □

答えは同じ

② あとの2つを先に計算する。

$60 \times (2 \times 4) = 60 \times$ □ $=$ □

> 3つの数のかけ算では，計算するじゅんじょを
> かえても，答えは同じになります。

2　かけるじゅんじょを考えて，くふうして計算します。

□にあてはまる数を書きましょう。

① $90 \times 3 \times 2 = 90 \times$ □ $=$ □

② $78 \times 5 \times 2 = 78 \times$ □ $=$ □

③ $400 \times 3 \times 3 = 400 \times$ □ $=$ □

> きまりを使ってくふうすると，
> 計算がかんたんだね。

3 次の□にあてはまる数を書いて計算し，（ ）にあてはまることばを書きましょう。

⑦ $(7 \times 4) \times 2 = \boxed{} \times 2 = \boxed{}$

⑦ $7 \times (4 \times 2) = 7 \times \boxed{} = \boxed{}$

⑦と⑦の答えは，（ 　　　　　　 ）になります。

4 かけるじゅんじょを考えて，くふうして計算しましょう。

① $9 \times 2 \times 2$

先にかけた答えが1けたの数や10になると，かんたんに計算できるね。

② $70 \times 2 \times 3$

③ $80 \times 3 \times 3$

④ $26 \times 2 \times 5$

⑤ $183 \times 5 \times 2$

⑥ $300 \times 3 \times 2$

⑦ $600 \times 2 \times 2$

ドラゴンのひみつ　ムジョルニが両うでにパワーをこめると，青いもようが光りかがやく。

答え合わせをしたら⑳のシールをはろう！

大きい数のわり算

 計算をしましょう。

① $80 \div 4 =$ 20

10のまとまりが，
8÷4＝2で，2こ。

② $50 \div 5 =$ ☐　③ $60 \div 3 =$ ☐

④ $84 \div 4 =$ 21

$84 \begin{cases} 80 \div 4 = 20 \\ 4 \div 4 = \ 1 \end{cases}$
あわせて21

⑤ $64 \div 2 =$ ☐
　60　4

⑥ $36 \div 3 =$ ☐
　30　6

⑦ $99 \div 3 =$ ☐　⑧ $46 \div 2 =$ ☐

2 計算をしましょう。

① $40 \div 2$　　② $90 \div 3$

③ $60 \div 6$　　④ $80 \div 2$

⑤ $40 \div 4$　　⑥ $60 \div 2$

3 $68 \div 2$ を計算します。□にあてはまる数を書きましょう。

$$68 \div 2 \left\langle \begin{array}{l} 60 \div 2 = \boxed{ア} \\ 8 \div 2 = \boxed{イ} \end{array} \right\rangle \quad あわせて \boxed{ウ}$$

4 計算をしましょう。

① $42 \div 2$　　② $48 \div 4$

③ $86 \div 2$　　④ $96 \div 3$

⑤ $39 \div 3$　　⑥ $88 \div 8$

⑦ $28 \div 2$　　⑧ $63 \div 3$

答えが2けたのわり算ができたね。

ドラゴンの　ムジョルニは，口から青色のほのおをはき，
ひみつ　　　遠くのてきもこうげきできる。

答え合わせを
したら㉑の
シールをはろう！

答え **92** ページ

月　日

1 □にあてはまる数を書きましょう。

① $7 \times 6 = 7 \times 7 - \boxed{}$

② $8 \times 4 = \boxed{} \times 8$

2 計算をしましょう。

① 9×10　② 0×5

3 計算をしましょう。

① $9 \div 3$　② $12 \div 4$

③ $72 \div 8$　④ $54 \div 9$

⑤ $7 \div 2$　⑥ $32 \div 5$

⑦ $40 \div 6$　⑧ $32 \div 7$

⑨ $5 \div 1$　⑩ $0 \div 8$

⑪ $48 \div 2$　⑫ $69 \div 3$

4 計算をしましょう。

①
$$\begin{array}{r} 397 \\ +363 \\ \hline \end{array}$$

②
$$\begin{array}{r} 976 \\ +75 \\ \hline \end{array}$$

③
$$\begin{array}{r} 1626 \\ +4382 \\ \hline \end{array}$$

④
$$\begin{array}{r} 624 \\ -278 \\ \hline \end{array}$$

⑤
$$\begin{array}{r} 716 \\ -67 \\ \hline \end{array}$$

⑥
$$\begin{array}{r} 8302 \\ -7685 \\ \hline \end{array}$$

5 計算をしましょう。

① 70×8

② 400×6

③ $60 \times 4 \times 2$

④ $39 \times 5 \times 2$

6 計算をしましょう。

①
$$\begin{array}{r} 27 \\ \times3 \\ \hline \end{array}$$

②
$$\begin{array}{r} 68 \\ \times7 \\ \hline \end{array}$$

③
$$\begin{array}{r} 36 \\ \times3 \\ \hline \end{array}$$

④
$$\begin{array}{r} 479 \\ \times2 \\ \hline \end{array}$$

⑤
$$\begin{array}{r} 138 \\ \times8 \\ \hline \end{array}$$

⑥
$$\begin{array}{r} 387 \\ \times6 \\ \hline \end{array}$$

ドラゴンの
ひみつ

ムジョルニのパンチは，大きな岩山も
一げきでこなごなにしてしまう。

答え合わせを
したら㉒の
シールをはろう！

 **23 小数のしくみ**

1 ポットには，右のように1Lとあと
少しの水が入ります。□にあては
まる小数を書きましょう。

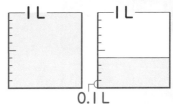

① 1Lを10等分した1こ分は，□ Lです。

② 0.1Lの4こ分は □ Lだから，ポットに入る水の

かさは，□ Lです。

2 □にあてはまる数を書きましょう。

① 1.7は，1と □ をあわせた数です。

② 2.3は，2と □ をあわせた数です。

③ 1は，0.1を □ こ集めた数です。

④ 2.5は，0.1を □ こ集めた数です。

59

3 次の水のかさや，リボンの長さはどれだけですか。

□にあてはまる数を書きましょう。

① 1L

□ L

② 5cm

1mmは
0.1cmだね。

□ cm

4 □にあてはまる数を書きましょう。

① 3と0.8をあわせた数は □ です。

② 2.9は，2と □ をあわせた数です。

③ 0.8は，0.1を □ こ集めた数です。

④ 3.7は，0.1を □ こ集めた数です。

⑤ 0.1を16こ集めた数は □ です。

⑥ 0.1を27こ集めた数は □ です。

ドラゴンの
ひみつ

ムジョルニの体は，岩のようにかたくなって
いる。まるで石ぞうのようだ。

答え合わせを
したら㉓の
シールをはろう！

1 計算をしましょう。

① 0.8 + 0.4 = 1.2

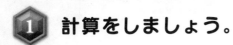
1L ＋ 1L
0.8　　0.4
(0.1 が 8 こ)　(0.1 が 4 こ)

0.1が8+4で12こ。0.1が12こで，1.2。

② 0.4 + 0.2 =
0.1が(4+2)こ

③ 0.6 + 0.3 =
0.1が(6+3)こ

④ 0.5 + 0.5 =
0.1が(5+5)こ

⑤ 0.9 + 0.3 =
0.1が(9+3)こ

⑥ 0.7 + 0.6 =
0.1が(7+6)こ

⑦ 1.2 − 0.9 = 0.3

0.1が12−9で3こ。0.1が3こで，0.3。

⑧ 0.7 − 0.2 =
0.1が(7−2)こ

⑨ 0.8 − 0.6 =
0.1が(8−6)こ

⑩ 1 − 0.8 =
0.1が(10−8)こ

⑪ 1.6 − 0.7 =
0.1が(16−7)こ

⑫ 1.1 − 0.5 =
0.1が(11−5)こ

2 計算をしましょう。

> 0.1をもとに
> すれば，計算
> できるね。

① 0.1 ＋ 0.4

② 0.2 ＋ 0.5

③ 0.8 ＋ 0.2　　④ 0.7 ＋ 0.9

⑤ 0.6 ＋ 0.8　　⑥ 0.5 ＋ 0.7

⑦ 0.6 － 0.2　　⑧ 0.9 － 0.6

⑨ 1 － 0.7　　⑩ 1.5 － 0.9

⑪ 1.2 － 0.4　　⑫ 1.3 － 0.8

3 答えが0.8になる計算を2つ見つけて，◯で
かこみましょう。

㋐ 0.4＋0.5　　㋑ 0.6＋0.2　　㋒ 0.9＋0.9

㋓ 0.9－0.2　　㋔ 1.3－0.4　　㋕ 1－0.2

ドラゴンの
ひみつ

ムジョルニはふだんはたたかいの場に出てこない
が，きょ大なてきが出て来たときだけあらわれる。

答え合わせを
したら㉔の
シールをはろう！

 計算をしましょう。

①
$$\begin{array}{r} 1.5 \\ + 3.2 \\ \hline 4.7 \end{array}$$

1+3 → ← 5+2
└ 小数点

❶位をそろえて書く。
❷整数のたし算と同じように計算する。
❸上の小数点にそろえて，答えの小数点をうつ。

②
$$\begin{array}{r} 2.3 \\ + 4.4 \\ \hline \end{array}$$

③
$$\begin{array}{r} 4.1 \\ + 0.8 \\ \hline \end{array}$$

④
3は「3.0」と考える。
$$\begin{array}{r} 3.0 \\ + 2.6 \\ \hline \end{array}$$

⑤
$$\begin{array}{r} 1 \\ 4.5 \\ + 1.5 \\ \hline 6.0 \end{array}$$

└ 6.0は6と等しいので，0をななめの線で消す。答えは6。

くり上がりに気をつけて計算するよ。

⑥
$$\begin{array}{r} 3.9 \\ + 3.5 \\ \hline \end{array}$$

⑦
$$\begin{array}{r} 1.7 \\ + 6.3 \\ \hline \end{array}$$

⑧
$$\begin{array}{r} 7.8 \\ + 2.9 \\ \hline \end{array}$$

②　計算をしましょう。

①
```
   5.4
 + 3.1
```

②
```
   4.3
 + 3.6
```

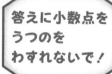

答えに小数点を
うつのを
わすれないで！

③
```
   5.7
 + 3
```

④
```
   1 2
 +   6.4
```

⑤
```
   3.9
 + 1.4
```

⑥
```
   8.7
 + 5.2
```

⑦
```
   1.2
 + 7.8
```

③　次の計算を筆算でしましょう。

① 4.2+0.7

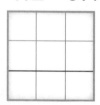

② 3.8+2.6

③ 9.3+6.5

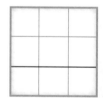

④ 5.6+7

⑤ 2.1+2.9

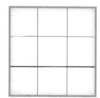

⑥ 8.6+1.4

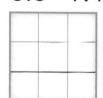

ドラゴンの
ひみつ

ムジョルニは，せいりゅう族のぐんだんの
作せんを立てるリーダーだ。

答え合わせを
したら㉕の
シールをはろう！

1 計算をしましょう。

①
```
  5.9
- 2.1
  3.8
```
5−2 ↑　↑ 9−1
　　└小数点

小数のひき算の筆算も，たし算と同じように位をそろえて計算するよ。

②
```
  9.8
- 7.3
```

③
```
  8.5
- 3.4
```

④
```
  6.3
- 4.3
```
↑
終わりの0は，ななめの線で消す。

⑤
```
  3.4
- 2.9
  0.5
```
↑一の位が0のときは0を書く。

くり下がりに気をつけて計算するよ。

⑥
```
  6.3
- 5.7
```

⑦
```
  7.2
- 1.5
```

6は「6.0」と考える。
↓

⑧
```
  6.0
- 2.8
```

2 計算をしましょう。

①
```
  6.8
- 3.4
```

②
```
  9.5
- 4.5
```

答えに0をつける
ときと，0を消す
ときがあるよ。

③
```
  2.7
- 2.3
```

④
```
  9.2
- 5
```

⑤
```
  8.5
- 2.7
```

⑥
```
  9
- 8.3
```

⑦
```
  11.3
-  5.8
```

3 次の計算を筆算でしましょう。

① 4.7−1.5

② 8.6−4.6

③ 3.8−3.2

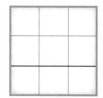

④ 7.2−5.8

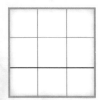

⑤ 9.3−8.7

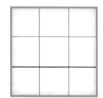

⑥ 6−4.1

ドラゴンの
ひみつ

ムジョルニは，スレイプやヴァルキレに
命れいを出して，てきをこうげきする。

答え合わせを
したら㉖の
シールをはろう！

1 下のテープの色をぬった部分の長さについて，
□ にあてはまる数を書きましょう。

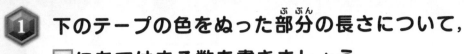

① 1mを5等分した1こ分の長さは，$\dfrac{\square}{5}$ mです。

② 色をぬった部分の長さは，1mを5等分した

3こ分の長さなので，$\dfrac{\square}{5}$ mです。

$$\dfrac{3}{5} \cdots\text{分子}$$
$$\phantom{\dfrac{3}{5}} \cdots\text{分母}$$

2 □ にあてはまる数を書きましょう。

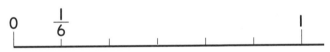

① $\dfrac{3}{6}$ は，$\dfrac{1}{6}$ を □ こ集めた数です。

② $\dfrac{1}{6}$ を6こ集めた数は $\dfrac{6}{6}$ で，

□ のことです。

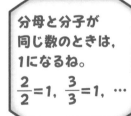
分母と分子が
同じ数のときは，
1になるね。
$\dfrac{2}{2}=1$，$\dfrac{3}{3}=1$，…

3 $\dfrac{5}{7}$ mの長さの分だけ色をぬりましょう。

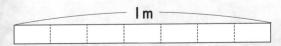

67

4 次の水のかさは何Lですか。分数で答えましょう。

① ⌐1L⌐

[   ] L

② ⌐1L⌐

[   ] L

5 □にあてはまる分数または整数を書きましょう。

① 1mを2等分した1こ分の長さは，[   ] mです。

② 1Lを7等分した4こ分のかさは，[   ] Lです。

③ $\frac{1}{8}$を2こ集めた数は，[   ] です。

④ $\frac{1}{9}$を8こ集めた数は，[   ] です。

⑤ $\frac{4}{5}$は，$\frac{1}{5}$を[   ] こ集めた数です。

⑥ 1は，$\frac{1}{3}$を[   ] こ集めた数です。

⑦ $\frac{1}{10}$を[   ] こ集めた数は，1です。

分数のしくみが
わかったね。

ドラゴンの
ひみつ　どんなに強いムジョルニも，ヴォーダンには
さからうことはできない。

答え合わせを
したら㉗の
シールをはろう！

68

分数のたし算

1 計算をしましょう。

① $\dfrac{1}{5} + \dfrac{2}{5} = \boxed{\dfrac{3}{5}}$

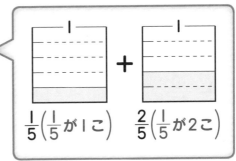

$\dfrac{1}{5}\left(\dfrac{1}{5}\text{が1こ}\right)$　$\dfrac{2}{5}\left(\dfrac{1}{5}\text{が2こ}\right)$

$\dfrac{1}{5}$が1+2で3こ。
$\dfrac{1}{5}$が3こで，$\dfrac{3}{5}$。

② $\dfrac{1}{3} + \dfrac{1}{3} = \boxed{}$

③ $\dfrac{2}{4} + \dfrac{1}{4} = \boxed{}$

④ $\dfrac{3}{6} + \dfrac{2}{6} = \boxed{}$

⑤ $\dfrac{2}{8} + \dfrac{4}{8} = \boxed{}$

⑥ $\dfrac{5}{9} + \dfrac{2}{9} = \boxed{}$

⑦ $\dfrac{3}{5} + \dfrac{2}{5} = \dfrac{5}{5} = \boxed{1}$

分母と分子が同じ数だから，1。

分母と分子が
同じ数になった
ときは，
1になるよ。

⑧ $\dfrac{4}{7} + \dfrac{3}{7} = \boxed{} = \boxed{}$

⑨ $\dfrac{2}{8} + \dfrac{6}{8} = \boxed{} = \boxed{}$

2 計算をしましょう。

① $\dfrac{1}{6} + \dfrac{3}{6}$

①は，$\dfrac{1}{6}$を
もとにすれば
計算できるね。

② $\dfrac{2}{5} + \dfrac{2}{5}$

③ $\dfrac{2}{7} + \dfrac{3}{7}$ ④ $\dfrac{5}{8} + \dfrac{2}{8}$

⑤ $\dfrac{4}{9} + \dfrac{2}{9}$ ⑥ $\dfrac{3}{10} + \dfrac{4}{10}$

⑦ $\dfrac{5}{6} + \dfrac{1}{6}$ ⑧ $\dfrac{3}{9} + \dfrac{6}{9}$

⑨ $\dfrac{1}{4} + \dfrac{3}{4}$ ⑩ $\dfrac{2}{7} + \dfrac{5}{7}$

3 答えが1になるたし算を2つ見つけて，◯で
かこみましょう。

㋐ $\dfrac{1}{4} + \dfrac{1}{4}$ ㋑ $\dfrac{4}{8} + \dfrac{4}{8}$ ㋒ $\dfrac{1}{6} + \dfrac{4}{6}$

㋓ $\dfrac{5}{9} + \dfrac{3}{9}$ ㋔ $\dfrac{1}{7} + \dfrac{5}{7}$ ㋕ $\dfrac{8}{10} + \dfrac{2}{10}$

**ドラゴンの
ひみつ**　ヴォーダンは，高い空のどこかにいて，
ふだんはそのすがたを見ることはできない。

答え合わせを
したら㉘の
シールをはろう！

答え **94** ページ

① 計算をしましょう。

① $\dfrac{4}{5} - \dfrac{1}{5} = \boxed{\dfrac{3}{5}}$

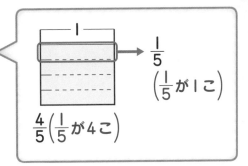

$\dfrac{1}{5}$ が4−1で3こ。
$\dfrac{1}{5}$ が3こで，$\dfrac{3}{5}$。

② $\dfrac{3}{4} - \dfrac{2}{4} = \boxed{}$

③ $\dfrac{5}{8} - \dfrac{3}{8} = \boxed{}$

④ $\dfrac{4}{6} - \dfrac{2}{6} = \boxed{}$

⑤ $\dfrac{8}{9} - \dfrac{3}{9} = \boxed{}$

⑥ $1 - \dfrac{2}{5} = \dfrac{\boxed{}}{5} - \dfrac{2}{5} = \boxed{}$

1を，分母が5の分数になおす。

1を，ひく数の
分母と同じ分母の
分数になおせば
計算できるね。

⑦ $1 - \dfrac{4}{7} = \dfrac{\boxed{}}{7} - \dfrac{4}{7} = \boxed{}$

⑧ $1 - \dfrac{5}{9} = \dfrac{\boxed{}}{9} - \dfrac{5}{9} = \boxed{}$

2 計算をしましょう。

① $\dfrac{3}{4} - \dfrac{1}{4}$

①は、$\dfrac{1}{4}$を
もとにすれば
計算できるね。

② $\dfrac{5}{6} - \dfrac{3}{6}$

③ $\dfrac{4}{5} - \dfrac{3}{5}$　　　④ $\dfrac{6}{7} - \dfrac{3}{7}$

⑤ $\dfrac{7}{9} - \dfrac{3}{9}$　　　⑥ $\dfrac{9}{10} - \dfrac{6}{10}$

⑦ $1 - \dfrac{6}{8}$　　　⑧ $1 - \dfrac{4}{6}$

⑨ $1 - \dfrac{1}{5}$　　　⑩ $1 - \dfrac{3}{10}$

3 同じ答えになるひき算を2つ見つけて、◯ で
かこみましょう。

㋐ $\dfrac{4}{7} - \dfrac{1}{7}$　　㋑ $\dfrac{6}{9} - \dfrac{4}{9}$　　㋒ $\dfrac{7}{8} - \dfrac{5}{8}$

㋓ $\dfrac{6}{7} - \dfrac{2}{7}$　　㋔ $1 - \dfrac{7}{9}$　　㋕ $1 - \dfrac{2}{7}$

**ドラゴンの
ひみつ**　ヴォーダンは1年に1度、空のひくいところ
まで下りてくる。

答え合わせを
したら㉙の
シールをはろう！

ドラゴンのバトル

1 計算した答えが大きいほうのこうげきに，色をぬりましょう。色をぬったこうげきが多いドラゴンの勝ちです。どちらが勝つでしょう？

シエルフ

スレイプ

バトル！

シエルフのこうげき　　　スレイプのこうげき

①
$$1.8 + 5.2$$
$$3 + 4.1$$

②
$$7.8 - 4$$
$$9 - 5.3$$

③
$$2.6 + 4.8$$
$$9.2 - 1.7$$

② 計算した答えが大きいほうのこうげきに，色をぬりましょう。色をぬったこうげきが多いドラゴンの勝ちです。どちらが勝つでしょう？

ヴァルキレ

ムジョルニ

バトル！

ヴァルキレのこうげき　　　　　ムジョルニのこうげき

① $\dfrac{4}{10} + \dfrac{5}{10}$　　$\dfrac{2}{10} + \dfrac{6}{10}$

② $\dfrac{3}{8} + \dfrac{4}{8}$　　$\dfrac{6}{8} + \dfrac{2}{8}$

③ $\dfrac{7}{10} - \dfrac{4}{10}$　　$\dfrac{9}{10} - \dfrac{5}{10}$

④ $1 - \dfrac{6}{9}$　　$\dfrac{8}{9} - \dfrac{4}{9}$

1 計算をしましょう。

① $2 \times 30 =$ 60

2×30は，
2×3の10倍。
2×30
=（2×3）×10

10

2×3

② $3 \times 30 =$
（3×3）×10

③ $4 \times 20 =$
（4×2）×10

④ $5 \times 30 =$
（5×3）×10

⑤ $7 \times 50 =$
（7×5）×10

⑥ $23 \times 30 =$ 690

23×30は，
23×3の10倍，
23×30
=（23×3）×10
=69×10

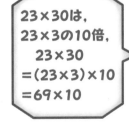

⑦ $12 \times 40 =$
（12×4）×10

⑧ $34 \times 20 =$
（34×2）×10

⑨ $21 \times 70 =$
（21×7）×10

⑩ $60 \times 30 =$
（60×3）×10

⑪ $90 \times 50 =$
（90×5）×10

2 計算をしましょう。

①
$$2 \times 4 = 8$$
$$2 \times 40 = \boxed{}$$
$$20 \times 40 = \boxed{}$$

②
$$5 \times 4 = 20$$
$$5 \times 40 = \boxed{}$$
$$50 \times 40 = \boxed{}$$

3 計算をしましょう。

① 2×20

② 3×20

③ 5×70

④ 6×40

⑤ 8×60

⑥ 9×50

⑦ 14×20

⑧ 32×30

⑨ 24×20

⑩ 41×80

⑪ 20×30

⑫ 80×50

⑬ 50×60

⑭ 90×40

何十をかける計算がわかったね。

ドラゴンの ひみつ

ヴォーダンは，せなかとしっぽの先のリングから，太陽のエネルギーをきゅうしゅうしている。

答え合わせを したら⑳の シールをはろう！

1 計算をしましょう。

①

```
    1 4
  × 2 6
    8²4   ←14×6
  2 8     ←14×20
  3 6 4   ←84+280
```

十の位（くらい）の計算の答え「28」は，14×20＝280のことなので，左へ1けたずらして書くよ。

②

```
    1 2
  × 3 4
```

③

```
    2 0
  × 2 3
```

④

```
    3 7
  × 1 1
```

⑤

```
    4 8
  × 1 2
```

⑥

```
    1 5
  × 4 5
```

⑦

```
    2 9
  × 3 2
```

2 計算をしましょう。

①
$$\begin{array}{r} 12 \\ \times\ 32 \\ \hline \end{array}$$

②
$$\begin{array}{r} 20 \\ \times\ 43 \\ \hline \end{array}$$

③
$$\begin{array}{r} 42 \\ \times\ 12 \\ \hline \end{array}$$

④
$$\begin{array}{r} 24 \\ \times\ 23 \\ \hline \end{array}$$

⑤
$$\begin{array}{r} 36 \\ \times\ 21 \\ \hline \end{array}$$

⑥
$$\begin{array}{r} 13 \\ \times\ 64 \\ \hline \end{array}$$

3 次の計算を筆算でしましょう。

① 22×34

② 25×13

③ 18×35

（2けた）×（2けた）の筆算ができたね。

1 計算をしましょう。

①
```
      6 5
  ×   2 4
    2 6 0   ←65×4
  1 3 0     ←65×20
            ←260+1300
```

一の位と十の位の
計算の答えが
3けたになるね。

②
```
      4 7
  ×   5 3
```

③
```
      3 6
  ×   7 2
```

④
```
      5 4
  ×   2 7
```

⑤
```
      8 3
  ×   2 0
  1 6 6 0
```
83×20　83×0

⑥
```
      2 6
  ×   3 0
```

⑦
```
      3 8
  ×   6 0
```

一の位に0を書き，つづけて十の位の
計算をするとかんたんだね。

② 計算をしましょう。

①
```
    5 4
  × 3 7
```

②
```
    9 3
  × 4 6
```

③
```
    8 2
  × 9 4
```

④
```
    3 9
  × 2 5
```

⑤
```
    2 9
  × 6 3
```

⑥
```
    4 8
  × 7 0
```

③ 次の計算を筆算でしましょう。

① 78×53

② 45×27

③ 86×60

たし算にも気をつけて計算できたかな。

（3けた）×（2けた）の 筆算①

1 計算をしましょう。

①

```
      2 1 3
  ×     3 2
      4 2 6   ←213×2

              ←213×30

              ←426+6390
```

かけられる数が3けたになっても，筆算のしかたは同じだね。

②
```
    3 2 0
  ×   2 3
```

③
```
    4 1 9
  ×   2 1
```

④
```
    2 3 4
  ×   3 3
```

⑤
```
    1 4 2
  ×   2 4
```

⑥
```
    2 4 9
  ×   3 4
```

⑦
```
    1 9 7
  ×   2 5
```

2 計算をしましょう。

① $$\begin{array}{r} 223 \\ \times\ \ 32 \\ \hline \end{array}$$

② $$\begin{array}{r} 250 \\ \times\ \ 12 \\ \hline \end{array}$$

③ $$\begin{array}{r} 162 \\ \times\ \ 43 \\ \hline \end{array}$$

④ $$\begin{array}{r} 124 \\ \times\ \ 34 \\ \hline \end{array}$$

⑤ $$\begin{array}{r} 257 \\ \times\ \ 23 \\ \hline \end{array}$$

⑥ $$\begin{array}{r} 178 \\ \times\ \ 45 \\ \hline \end{array}$$

3 次の計算を筆算でしましょう。

① 243×23

② 159×26

③ 198×24

（3けた）×（2けた）の筆算ができたね。

ドラゴンのひみつ
ヴォーダンのひっさつわざ「ホワイトオーダー」は，太陽そのもののエネルギーくらい強力だ。

答え合わせをしたら㉝のシールをはろう！

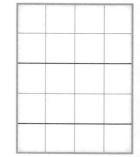

34 （3けた）×（2けた）の 筆算②

1 計算をしましょう。

①
```
      5 3 4
  ×     4 6
  3 2²0²4   ←534×6
           ←534×40
           ←3204+21360
```

> 答えを書く位に気をつけて計算しよう。

②
```
      3 2 6
  ×     3 4
```

③
```
      4 8 5
  ×     8 4
```

④
```
      5 9 8
  ×     3 7
```

⑤
```
      2 0 4
  ×     5 4
```

⑥
```
      4 7 2
  ×     3 0
          0
```
472×30

⑦
```
      3 0 9
  ×     4 0
```

83

2 計算をしましょう。

①
```
  2 4 8
× 　4 5
```

②
```
  3 8 4
× 　6 2
```

③
```
  4 8 5
× 　9 3
```

④
```
  3 9 6
× 　8 7
```

⑤
```
  5 0 4
× 　7 2
```

⑥
```
  8 7 3
× 　6 0
```

3 次の計算を筆算でしましょう。

① 487×29

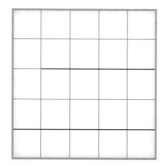

② 806×70

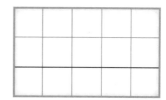

③ 403×50

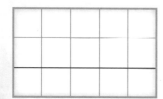

正しく計算ができたかな。

ドラゴンの
ひみつ

せいりゅう族の全てのドラゴンは，
ヴォーダンの命れいにしたがってたたかう。

答え合わせを
したら㉞の
シールをはろう！

35 2けたの数をかける かけ算の練習

1 計算をしましょう。

①
```
    3 4
×   1 2
```

②
```
    2 7
×   2 3
```

書く位置に気を
つけて！

③
```
    4 7
×   3 4
```

④
```
    8 3
×   6 5
```

⑤
```
    5 1
×   7 9
```

⑥
```
    2 4
×   4 6
```

⑦
```
  2 6 0
×   2 3
```

⑧
```
  2 3 9
×   3 4
```

⑨
```
  3 5 8
×   6 2
```

⑩
```
  6 3 4
×   7 9
```

⑪
```
  6 0 2
×   5 4
```

⑫
```
  9 0 8
×   3 0
```

⑬
```
  3 6 0
×   9 0
```

2 次の計算を筆算でしましょう。

① 49×72

② 59×38

③ 47×64

④ 319×25

⑤ 248×96

⑥ 957×63

3 リボンを1人に65cmずつ30人に配ります。リボンは全部で何cmいりますか。

(式)

答え ___ cm

〈筆算〉

ドラゴンの
ひみつ

かいりゅう族, むしりゅう族, つばさりゅう族の
ドラゴンは, せいりゅう族から生まれたらしい。

答え合わせを
したら㉟の
シールをはろう！

まとめテスト②

答え **95** ページ

1 計算をしましょう。

① $18 \div 6$

② $56 \div 8$

③ $17 \div 2$

④ $37 \div 7$

⑤ $31 \div 4$

⑥ $93 \div 3$

2 計算をしましょう。

①
```
   147
 + 435
```

②
```
   460
 + 596
```

③
```
  3925
 +3087
```

④
```
   984
 - 276
```

⑤
```
  1018
 - 672
```

⑥
```
  4094
 -3264
```

3 計算をしましょう。

①
```
   39
 ×  2
```

②
```
   48
 ×  7
```

③
```
   85
 ×  6
```

④
```
  314
 ×   2
```

⑤
```
  629
 ×   4
```

⑥
```
  278
 ×   9
```

4 計算をしましょう。

①
$$\begin{array}{r} 18 \\ \times\ 43 \\ \hline \end{array}$$

②
$$\begin{array}{r} 27 \\ \times\ 36 \\ \hline \end{array}$$

③
$$\begin{array}{r} 86 \\ \times\ 49 \\ \hline \end{array}$$

④
$$\begin{array}{r} 27 \\ \times\ 90 \\ \hline \end{array}$$

⑤
$$\begin{array}{r} 915 \\ \times\ \ 67 \\ \hline \end{array}$$

⑥
$$\begin{array}{r} 287 \\ \times\ \ 72 \\ \hline \end{array}$$

5 計算をしましょう。

①
$$\begin{array}{r} 2.6 \\ +\ 4.4 \\ \hline \end{array}$$

②
$$\begin{array}{r} 9.2 \\ -\ 8.6 \\ \hline \end{array}$$

③
$$\begin{array}{r} 8 \\ -\ 3.7 \\ \hline \end{array}$$

6 計算をしましょう。

① $\dfrac{2}{7} + \dfrac{4}{7}$

② $\dfrac{3}{5} + \dfrac{1}{5}$

③ $\dfrac{2}{9} + \dfrac{7}{9}$

④ $\dfrac{7}{8} - \dfrac{4}{8}$

⑤ $\dfrac{5}{6} - \dfrac{2}{6}$

⑥ $1 - \dfrac{8}{10}$

ドラゴンの ひみつ　ヴォーダンとごかくにたたかえるのは，まりゅう族のドラゴン ジャタイザンだけである。

答え合わせを したら㊱の シールをはろう！

答え

1 かけ算のきまり　13 ページ

1 ①5　②4　③5　④5

2 ①7　②9　③2　④3　⑤8
　⑥4　⑦5　⑧2　⑨4　⑩3

2 10や0のかけ算　15 ページ

1 ①30　②50　③90　④40
　⑤20　⑥60

2 ①0　②0　③0　④0

3 ①20　②40　③70　④50
　⑤30　⑥80　⑦0　⑧0
　⑨0　⑩0

4 ①5　②7　③0　④0
　⑤0　⑥0

3 分け方とわり算　17 ページ

1 6÷3=2　　　　　　　2こ

2 12÷4=3　　　　　　3人

3 8÷4=2　　　　　　　2本

4 ①15÷5=3　　　　　3こ
　②15÷5=3　　　　　3人

アドバイス　1，2のように，
1人分の数をもとめたり，何人に分
けられるかをもとめるときは，わり
算を使います。絵を見て，分け方の
ちがいをよく考えましょう。

4 わり算の答えのもとめ方　19 ページ

1 ①5　②4　③2　④5
　⑤4　⑥6　⑦7　⑧8
　⑨9　⑩8　⑪9

2 ①2　②3　③5　④4
　⑤2　⑥5　⑦6　⑧4
　⑨7　⑩8　⑪9　⑫5

3 ①4，5　②8，3

5 わり算の練習　21 ページ

1 ①6　②2　③4　④6
　⑤3　⑥2　⑦7　⑧3
　⑨8　⑩9　⑪7　⑫4
　⑬8　⑭6　⑮7　⑯7
　⑰9

2 24÷6=4　　　　　　4本

3 40÷8=5　　　　　　5本

4 35÷7=5　　　　　　5人

6 1や0のわり算，倍とわり算　23 ページ

1 ①1　②4　③1　④1
　⑤7　⑥9　⑦0　⑧0
　⑨0　⑩0　⑪0　⑫0　⑬0

2 20÷5=4　　　　　　4倍

3 56÷8=7　　　　　　7倍

4 15÷3=5　　　　　　5倍

7 3けたの数のたし算　25 ページ

1 ① 627　② 653　③ 214
④ 660　⑤ 1215　⑥ 1355
⑦ 1556　⑧ 1032

2 ① 836　② 673　③ 711
④ 1198　⑤ 1760　⑥ 1005

3 ① 847　② 651　③ 522
④ 1407　⑤ 1387　⑥ 1000

8 3けたの数のひき算　27 ページ

1 ① 432　② 23　③ 164
④ 272　⑤ 345　⑥ 78
⑦ 529　⑧ 394

2 ① 377　② 607　③ 298
④ 47　⑤ 456　⑥ 75

3 ① 132　② 438　③ 487
④ 575　⑤ 536　⑥ 603

9 3けたの数の たし算・ひき算の練習　29 ページ

1 ① 594　② 716
③ 840　④ 603
⑤ 1471　⑥ 1614　⑦ 1003
⑧ 634　⑨ 170　⑩ 6
⑪ 496　⑫ 58　⑬ 69

2 ① 804　② 1006
③ 457　④ 726

3 ① 158+253=411　411こ
② 253-158=95　　　95こ

アドバイス　計算のミスをふせぐた
めに，たし算ではくり上げた数を，
ひき算ではくり下げたあとの数をか
ならず書きましょう。

10 大きな数の計算　31 ページ

1 ① 8665　② 7512
③ 6900　④ 4902
⑤ 6274　⑥ 965
⑦ 2479　⑧ 7983

2 ① 5198　② 7196
③ 7813　④ 6022
⑤ 2082　⑥ 3294
⑦ 380　⑧ 144

3 ① 3007　② 3701
③ 7459　④ 3957

11 あまりのあるわり算①　33 ページ

1 ① 14÷4=3あまり2
② 11÷5=2あまり1

2 3あまり2

3 ① 2あまり3　② 4あまり1
③ 5あまり2　④ 3あまり2
⑤ 3あまり1　⑥ 5あまり2

12 あまりのあるわり算②　35 ページ

1 13÷4=3あまり1
3人に分けられて，1こあまる。

2 4×3+1=13

3 ① 7あまり1　② 5あまり3
③ 8あまり2　④ 9あまり4
⑤ 7あまり2　⑥ 6あまり2
⑦ 4あまり3　⑧ 6あまり7

4 ① 3×4+2=14
② 8×5+2=42
③ 6×8+4=52

13 あまりのあるわり算の練習　37ページ

1
① 6あまり1　② 7あまり2
③ 4あまり3　④ 3あまり4
⑤ 3あまり1　⑥ 8あまり4
⑦ 5あまり3　⑧ 9あまり2
⑨ 5あまり5　⑩ 6あまり2
⑪ 7あまり4　⑫ 7あまり5
⑬ 4あまり7　⑭ 9あまり1
⑮ 5あまり2　⑯ 6あまり5
⑰ 8あまり3

2
① 5あまり1　　2×5+1=11
② 4あまり5　　8×4+5=37
③ 8あまり5　　6×8+5=53
④ 7あまり2　　9×7+2=65

3
60÷7=8あまり4
8人に分けられて, 4cmあまる。

14 あまりを考える問題　39ページ

1
① 14÷4=3あまり2
② 4箱

2
① 25÷3=8あまり1
② 8さつ

3
27÷4=6あまり3　　　　7つ

4
48÷5=9あまり3　　　　9つ

5
62÷8=7あまり6　　　　8日

アドバイス　あまりを考える問題では, 問題によって, 計算の答えに1をたしたり, そのままにしたりします。 **1** , **3** , **5** は, 計算の答えに1をたし, **2** , **4** は, 計算の答えがそのまま答えになります。問題の場面やあまりの意味をよく考えて, 答えを書くようにしましょう。

15 何十, 何百のかけ算　43ページ

1
① 80　　② 90　　③ 250
④ 140　　⑤ 360　　⑥ 800
⑦ 600　　⑧ 1600　⑨ 1800
⑩ 4000

2
① 80, 800
② 420, 4200

3
① 60　　② 180　　③ 280
④ 720　　⑤ 200　　⑥ 400
⑦ 900　　⑧ 1800　⑨ 3200
⑩ 3000　⑪ 3500　⑫ 5400

16 (2けた)×(1けた)の筆算　45ページ

1
① 46　　② 93　　③ 54
④ 65　　⑤ 128　　⑥ 166
⑦ 112　　⑧ 210

2
① 96　　② 88　　③ 98
④ 90　　⑤ 159　　⑥ 480
⑦ 312

3
① 86　　② 42　　③ 87
④ 168　　⑤ 204　　⑥ 600

17 (3けた)×(1けた)の筆算　47ページ

1
① 648　　② 848　　③ 852
④ 774　　⑤ 1870　⑥ 1686
⑦ 3940　⑧ 2912

2
① 426　　② 930
③ 978　　④ 414
⑤ 1893　⑥ 3766
⑦ 3308

3
① 608　　② 992
③ 501　　④ 4869
⑤ 1160　⑥ 1953

18 1けたの数をかける かけ算の練習① 49 ページ

1 ① 69　②74
③ 80　④639
⑤ 116　⑥408　⑦200
⑧ 654　⑨716　⑩924
⑪ 4506　⑫7686　⑬1144
⑭ 4184　⑮5214　⑯3346

2 ① 96　②328　③520
④ 558　⑤5012　⑥5004

3 25×6=150　　　　150本

19 1けたの数をかける かけ算の練習② 51 ページ

1 ① 64　②78　③60
④ 357　⑤114　⑥504
⑦ 600　⑧826　⑨507
⑩ 832　⑪1617　⑫4735
⑬ 1287　⑭2892　⑮3204
⑯ 5112

2 ① 84　②123　③315
④ 572　⑤5944　⑥2334

3 24×9=216　　　　216ぴき

20 3つの数のかけ算のきまり 53 ページ

1 ① 120, 480
② 8, 480

2 ① 6, 540
② 10, 780
③ 9, 3600

3 ㋐ 28, 56　　　㋑8, 56
同じ

4 ① 36　②420　③720
④ 260　⑤1830　⑥1800
⑦ 2400

アドバイス **4** どの式もあとの2つの数を先に計算すると，かんたんに計算できます。
① 9×2×2=9×4=36
② 70×2×3=70×6=420
③ 80×3×3=80×9=720
④ 26×2×5=26×10=260
⑤ 183×5×2=183×10=1830
⑥ 300×3×2=300×6=1800
⑦ 600×2×2=600×4=2400

21 大きい数のわり算 55 ページ

1 ① 20　②10　③20　④21
⑤ 32　⑥12　⑦33　⑧23

2 ① 20　②30　③10
④ 40　⑤10　⑥30

3 ㋐ 30　㋑4　㋒34

4 ① 21　②12　③43　④32
⑤ 13　⑥11　⑦14　⑧21

22 まとめテスト① 57 ページ

1 ① 7　②4

2 ① 90　②0

3 ① 3　②3　③9　④6
⑤ 3あまり1　⑥6あまり2
⑦ 6あまり4　⑧4あまり4
⑨ 5　⑩0　⑪24　⑫23

4 ① 760　②1051　③6008
④ 346　⑤649　⑥617

5 ① 560　②2400
③ 480　④390

6 ① 81　②476　③108
④ 958　⑤1104　⑥2322

23 小数のしくみ　　59 ページ

1 ① 0.1　② 0.4, 1.4

2 ① 0.7　② 0.3　③ 10
④ 25

3 ① 0.7　② 4.5

4 ① 3.8　② 0.9　③ 8
④ 37　⑤ 1.6　⑥ 2.7

24 小数のたし算とひき算　　61 ページ

1 ① 1.2　② 0.6　③ 0.9
④ 1　⑤ 1.2　⑥ 1.3
⑦ 0.3　⑧ 0.5　⑨ 0.2
⑩ 0.2　⑪ 0.9　⑫ 0.6

2 ① 0.5　② 0.7　③ 1
④ 1.6　⑤ 1.4　⑥ 1.2
⑦ 0.4　⑧ 0.3　⑨ 0.3
⑩ 0.6　⑪ 0.8　⑫ 0.5

3 ⑦, ⑰をかこむ。

25 小数のたし算の筆算　　63 ページ

1 ① 4.7　② 6.7　③ 4.9
④ 5.6　⑤ 6　⑥ 7.4
⑦ 8　⑧ 10.7

2 ① 8.5　② 7.9
③ 8.7　④ 18.4
⑤ 5.3　⑥ 13.9
⑦ 9

3
①	4.2	②	3.8	③	9.3
	+ 0.7		+ 2.6		+ 6.5
	4.9		6.4		15.8

④	5.6	⑤	2.1	⑥	8.6
	+ 7		+ 2.9		+ 1.4
	12.6		5.0		10.0

アドバイス　**1**の⑤, ⑦, **2**の⑦
は, 小数第一位の0をななめの線で
消します。答えは整数になります。

26 小数のひき算の筆算　　65 ページ

1 ① 3.8　② 2.5　③ 5.1
④ 2　⑤ 0.5　⑥ 0.6
⑦ 5.7　⑧ 3.2

2 ① 3.4　② 5
③ 0.4　④ 4.2
⑤ 5.8　⑥ 0.7　⑦ 5.5

3
①	4.7	②	8.6	③	3.8
	− 1.5		− 4.6		− 3.2
	3.2		4.0		0.6

④	7.2	⑤	9.3	⑥	6
	− 5.8		− 8.7		− 4.1
	1.4		0.6		1.9

アドバイス　**1**の④, **2**の②は,
小数第一位の0をななめの線で消し,
1の⑤, ⑥, **2**の③, ⑥は, 一の位
に0を書きます。また, 整数は, 小
数第一位に0があるものと考えて計
算します。

27 分数のしくみ　　67 ページ

1 ① 1　② 3

2 ① 3　② 1

3
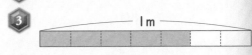

4 ① $\frac{1}{4}$　② $\frac{5}{8}$

5 ① $\frac{1}{2}$　② $\frac{4}{7}$　③ $\frac{2}{8}$　④ $\frac{8}{9}$
⑤ 4　⑥ 3　⑦ 10

28 分数のたし算　69ページ

1
① $\frac{3}{5}$　② $\frac{2}{3}$　③ $\frac{3}{4}$

④ $\frac{5}{6}$　⑤ $\frac{6}{8}$　⑥ $\frac{7}{9}$

⑦ 1　⑧ $\frac{7}{7}$, 1　⑨ $\frac{8}{8}$, 1

2
① $\frac{4}{6}$　② $\frac{4}{5}$　③ $\frac{5}{7}$　④ $\frac{7}{8}$

⑤ $\frac{6}{9}$　⑥ $\frac{7}{10}$　⑦ $\frac{6}{6}$(1)

⑧ $\frac{9}{9}$(1)　⑨ $\frac{4}{4}$(1)　⑩ $\frac{7}{7}$(1)

3 ④, ⑰をかこむ。

29 分数のひき算　71ページ

1
① $\frac{3}{5}$　② $\frac{1}{4}$　③ $\frac{2}{8}$　④ $\frac{2}{6}$

⑤ $\frac{5}{9}$　⑥ 5, $\frac{3}{5}$　⑦ 7, $\frac{3}{7}$

⑧ 9, $\frac{4}{9}$

2
① $\frac{2}{4}$　② $\frac{2}{6}$　③ $\frac{1}{5}$　④ $\frac{3}{7}$

⑤ $\frac{4}{9}$　⑥ $\frac{3}{10}$　⑦ $\frac{2}{8}$　⑧ $\frac{2}{6}$

⑨ $\frac{4}{5}$　⑩ $\frac{7}{10}$

3 ④, ㋘をかこむ。

アドバイス　**3** まずは, それぞれ
の答えをもとめます。
㋐ $\frac{3}{7}$ ㋑ $\frac{2}{9}$ ㋒ $\frac{2}{8}$ ㋓ $\frac{4}{7}$ ㋔ $\frac{2}{9}$ ㋕ $\frac{5}{7}$
答えが同じなのは, ㋑と㋔です。

30 何十をかける計算　75ページ

1
① 60　② 90　③ 80
④ 150　⑤ 350　⑥ 690
⑦ 480　⑧ 680　⑨ 1470
⑩ 1800　⑪ 4500

2
① 80, 800
② 200, 2000

3
① 40　② 60　③ 350
④ 240　⑤ 480　⑥ 450
⑦ 280　⑧ 960　⑨ 480
⑩ 3280　⑪ 600　⑫ 4000
⑬ 3000　⑭ 3600

31 （2けた）×（2けた）の筆算①　77ページ

1
① 364　② 408　③ 460
④ 407　⑤ 576　⑥ 675
⑦ 928

2
① 384　② 860　③ 504
④ 552　⑤ 756　⑥ 832

3
① 748　② 325　③ 630

32 （2けた）×（2けた）の筆算②　79ページ

1
① 1560　② 2491
③ 2592　④ 1458
⑤ 1660　⑥ 780
⑦ 2280

2
① 1998　② 4278
③ 7708　④ 975
⑤ 1827　⑥ 3360

3
① 4134　② 1215
③ 5160

33 （3けた）×（2けた）の筆算① 81 ページ

1 ① 6816　② 7360
　　③ 8799　④ 7722
　　⑤ 3408　⑥ 8466
　　⑦ 4925

2 ① 7136　② 3000
　　③ 6966　④ 4216
　　⑤ 5911　⑥ 8010

3 ① 5589　② 4134
　　③ 4752

34 （3けた）×（2けた）の筆算② 83 ページ

1 ① 24564　　② 11084
　　③ 40740　　④ 22126
　　⑤ 11016　　⑥ 14160
　　⑦ 12360

2 ① 11160　　② 23808
　　③ 45105　　④ 34452
　　⑤ 36288　　⑥ 52380

3 ① 14123　　② 56420
　　③ 20150

アドバイス 十の位に0がある数の筆算は答えを書く位置をまちがえやすいので気をつけましょう。

1 ⑤

$$
\begin{array}{r}
204 \\
\times 54 \\
\hline
816 \\
1020 \\
\hline
11016
\end{array}
$$

2 ⑤

$$
\begin{array}{r}
504 \\
\times 72 \\
\hline
1008 \\
3528 \\
\hline
36288
\end{array}
$$

35 2けたの数をかけるかけ算の練習 85 ページ

1 ① 408　　② 621
　　③ 1598　④ 5395
　　⑤ 4029　⑥ 1104
　　⑦ 5980　⑧ 8126
　　⑨ 22196　⑩ 50086
　　⑪ 32508　⑫ 27240
　　⑬ 32400

2 ① 3528　　② 2242
　　③ 3008　　④ 7975
　　⑤ 23808　⑥ 60291

3 65×30=1950　　1950cm

36 まとめテスト② 87 ページ

1 ① 3　② 7
　　③ 8あまり1　④ 5あまり2
　　⑤ 7あまり3　⑥ 31

2 ① 582　② 1056　③ 7012
　　④ 708　⑤ 346　⑥ 830

3 ① 78　　② 336　③ 510
　　④ 628　⑤ 2516　⑥ 2502

4 ① 774　　　② 972
　　③ 4214　　④ 2430
　　⑤ 61305　⑥ 20664

5 ① 7　　② 0.6　③ 4.3

6 ① $\dfrac{6}{7}$　② $\dfrac{4}{5}$　③ $\dfrac{9}{9}$(1)

　　④ $\dfrac{3}{8}$　⑤ $\dfrac{3}{6}$　⑥ $\dfrac{2}{10}$

アドバイス 3年生で学習する計算をまとめたテストです。苦手な計算があったら，もどって練習し，できるようにしておきましょう。

①

12 ÷ 2 [6]		56 ÷ 8 [7]
0 ÷ 7 [0]		0 ÷ 3 [0]
36 ÷ 4 [9]		56 ÷ 7 [8]
35 ÷ 5 [7]		6 ÷ 1 [6]
48 ÷ 6 [8]		81 ÷ 9 [9]

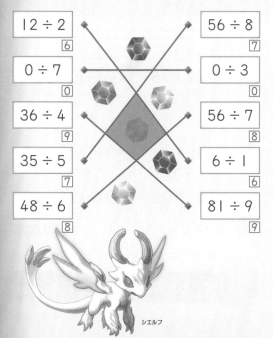

シエルフ

※□の中の数字は計算の答えです。

②

```
  294        924
+ 262      - 268
  556        656

  479        852
+  87      - 187
  566        665

  258        810
+ 398      - 254
  656        556

  477        604
+ 819      -  38
 1296        566

  489       2208
+ 176      - 912
  665       1296
```

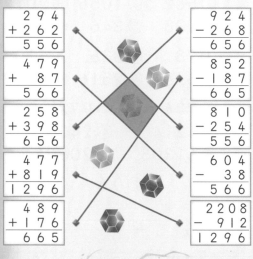

スレイプ

①

シエルフのこうげき　　スレイプのこうげき

```
①   1.8        3
   + 5.2      + 4.1
     7          7.1

②   7.8        9
   - 4        - 5.3
     3.8        3.7

③   2.6        9.2
   + 4.8      - 1.7
     7.4        7.5
```

スレイプの勝ち。

②

ヴァルキレのこうげき　　ムジョルニのこうげき

① $\frac{9}{10}$ ← $\frac{4}{10}+\frac{5}{10}$ ｜ $\frac{2}{10}+\frac{6}{10}$ → $\frac{8}{10}$

② $\frac{7}{8}$ ← $\frac{3}{8}+\frac{4}{8}$ ｜ $\frac{6}{8}+\frac{2}{8}$ → 1

③ $\frac{3}{10}$ ← $\frac{7}{10}-\frac{4}{10}$ ｜ $\frac{9}{10}-\frac{5}{10}$ → $\frac{4}{10}$

④ $\frac{3}{9}$ ← $1-\frac{6}{9}$ ｜ $\frac{8}{9}-\frac{4}{9}$ → $\frac{4}{9}$

ムジョルニの勝ち。

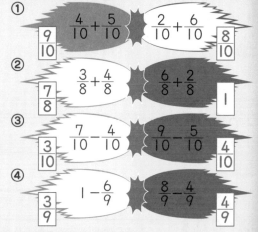

2024年春（予定）第1巻発売！

シリーズ累計 **60万部突破！**

大人気 **ドラゴンドリル** から

ストーリーが誕生！

ドリルに登場するドラゴンが大活躍する物語！
ドラゴンドリルが好きな子は、夢中になることまちがいなし！

はるか昔、
人間とドラゴンが
共に生きていた時代。

ドラゴンと出会い、
戦い、絆を結ぶ。

キミとボクの大冒険。

最新情報はコチラ！

ビジュアルは制作中のものです。実際の商品とは異なる場合がございます。